BEI GRIN MACHT SICH IHR WISSEN BEZAHLT

AF144493

- Wir veröffentlichen Ihre Hausarbeit,
  Bachelor- und Masterarbeit

- Ihr eigenes eBook und Buch -
  weltweit in allen wichtigen Shops

- Verdienen Sie an jedem Verkauf

Jetzt bei www.GRIN.com hochladen und kostenlos publizieren

Sven-David Müller

Die bioelektrische Impedanz Analyse (BIA)

Die ernährungsmedizinische Bedeutung der Körperzusammensetzung und die BIA

GRIN Verlag

Bibliografische Information der Deutschen Nationalbibliothek:

Die Deutsche Bibliothek verzeichnet diese Publikation in der Deutschen National-
bibliografie; detaillierte bibliografische Daten sind im Internet über http://dnb.d-
nb.de/ abrufbar.

Dieses Werk sowie alle darin enthaltenen einzelnen Beiträge und Abbildungen
sind urheberrechtlich geschützt. Jede Verwertung, die nicht ausdrücklich vom
Urheberrechtsschutz zugelassen ist, bedarf der vorherigen Zustimmung des Verla-
ges. Das gilt insbesondere für Vervielfältigungen, Bearbeitungen, Übersetzungen,
Mikroverfilmungen, Auswertungen durch Datenbanken und für die Einspeicherung
und Verarbeitung in elektronische Systeme. Alle Rechte, auch die des auszugsweisen
Nachdrucks, der fotomechanischen Wiedergabe (einschließlich Mikrokopie) sowie
der Auswertung durch Datenbanken oder ähnliche Einrichtungen, vorbehalten.

Impressum:

Copyright © 2011 GRIN Verlag GmbH
Druck und Bindung: Books on Demand GmbH, Norderstedt Germany
ISBN: 978-3-640-85255-0

Dieses Buch bei GRIN:

http://www.grin.com/de/e-book/168217/die-bioelektrische-impedanz-analyse-bia

GRIN - Your knowledge has value

Der GRIN Verlag publiziert seit 1998 wissenschaftliche Arbeiten von Studenten, Hochschullehrern und anderen Akademikern als eBook und gedrucktes Buch. Die Verlagswebsite www.grin.com ist die ideale Plattform zur Veröffentlichung von Hausarbeiten, Abschlussarbeiten, wissenschaftlichen Aufsätzen, Dissertationen und Fachbüchern.

Besuchen Sie uns im Internet:

http://www.grin.com/

http://www.facebook.com/grincom

http://www.twitter.com/grin_com

Die bioelektrische Impedanz Analyse (BIA) in der Ernährungsmedizin

von Sven-David Müller, M.Sc.

Einleitung: Die Zusammensetzung des menschlichen Körpers

Die Bioelektrische Impedanzanalyse (BIA) kommt zum Einsatz im Bereich der Ernährungswissenschaft, Ernährungsmedizin, Sportmedizin, Humanbiologie und zunehmend auch im Fitness- und Lifestylebereich, beispielsweise zur Gewichtsreduktion oder um den Muskelaufbau bei Sportlern festzustellen. Mit der BIA bestimmt der Arzt, Ernährungsberater oder Fitnesstrainer die Zusammensetzung des Körpers und erhält so Informationen über den Ernährungszustand eines Menschen. Die körperliche und geistige Leistungsfähigkeit, die Stoffwechseltätigkeiten und Immunabwehr des Menschen sind abhängig von seinem Ernährungszustand, also der aufgenommenen Nahrung sowie den darin enthaltenen Nährstoffen. Zusätzlich beeinflussen auch ernährungsunabhänige Faktoren wie zum Beispiel Krankheiten oder Medikamente den Ernährungszustand eines Menschen. Mangel- und Fehlernährung beeinträchtigen die Körperfunktionen und stellen besonders bei operativen Eingriffen oder Krankheiten eine ernsthafte Gefährdung des Patienten dar. Als Risikofaktor ist auch Übergewicht oder Adipositas zu sehen, denn damit hängen oft Herz-Kreislauf- sowie Stoffwechselerkrankungen zusammen. Eine Verbesserung des Ernährungszustandes führt daher oft zu weniger Komplikationen, zu einem verbesserten Gesundheitszustand und damit auch zu einer schnelleren Genesung von Krankheiten.

Die Körperkompartimente

Um die Körperzusammensetzung zu bestimmen, gibt es vielfältige Methoden. Grundlage jeder Methode ist die Einteilung des menschlichen Organismus in verschiedene Körperkompartimente. Diese Kompartimente stehen für die verschiedenen Gewebe und Flüssigkeiten des Körpers. Das Ein-Kompartiment-Modell betrachtet den Körper als Ganzes und misst daher allein das Körpergewicht. Das Zwei-Kompartiment-Modell teilt den Körper in Fett und fettfreie Masse ein. Das Drei-Kompartiment-Modell, das für die Bioelektrische Impedanzanalyse (BIA) wichtig ist, unterscheidet zwischen Fett und fettfreier Masse. Die fettfreie Masse unterteilt dieses Modell zusätzlich in (Körper-)Zellmasse (BCM = body cell mass) und Extrazellulärmasse (ECM = extra cellular mass), so dass man insgesamt drei Kompartimente erhält. Das Vier-Kompartiment-Modell teilt den Körper folgendermaßen ein: Fett, Wasser, Protein (Eiweiß) und Knochenmineralien.

Methoden zur Erfassung des Ernährungszustandes

Die Grundlage zur Erfassung des Ernährungszustandes eines Menschen bildet die Anamnese, also die Erfassung der Krankheits-Vorgeschichte eines Patienten und dessen körperlicher Untersuchung. Da diese Kenngrößen jedoch subjektiv sind, also allein auf der Erinnerung des Patienten sowie auf der Einschätzung des Untersuchers beruhen, bergen diese Kenngrößen die Gefahr, ungenau zu sein. Deswegen nutzten Fachkräfte verschiedene objektive und damit genauere Messmethoden, um den Ernährungszustand zu beschreiben. Die objektiven Methoden lassen sich in direkte, indirekte und doppelt indirekte Methoden unterscheiden:

Direkte Methoden	Indirekte Methoden	Doppelt indirekte Methoden
Post-mortem-Analysen, Neutronen-aktivierung	Densitometrie, Verdünnungs-techniken, ^{40}K-Zählung, Computertomo-graphie (CT), Kernspintomo-graphie (NMR), Dual Energy X-ray Absorptiometry (DEXA)	Anthropomet rie (Broca-Formel, BMI, Hautfaltendicke, Taille-Hüft-Quotient (WHR)), Infrarot-Absorptionsspektro-metrie, Ultraschallmessunge n, Bioelektrische Impedanzanalyse (BIA), Ganzkörperleitfähig-keitsmessung (TOBEC), Laborparameter (Serumproteine, Kreatinin)

Die direkten Methoden sind nicht geeignet für eine Anwendung an lebenden Menschen. Die indirekten Methoden bieten eine relativ hohe Messgenauigkeit und sind unter den meisten Bedingungen in der klinischen Ernährungstherapie stabil und anwendbar. Als „Goldstandard" gelten DEXA (Dual Energy X-ray Absorptiometry = Röntgenscan) und Hydrodensitometrie (Unterwasserwägung). Wie die anderen indirekten Methoden auch, sind diese jedoch sehr teuer, belasten in vielen Fällen den Patienten und können nicht bei allen Personen angewandt werden. Zudem kann man die Methoden stationär einsetzen, was bedeutet, da viele Messgeräte nicht transportabel und somit nicht für den Alltag einsetzbar sind. Doppelt indirekte Methoden, zu denen auch die BIA zählt, sind im Alltag dagegen leicht einsetzbar. Sie basieren auf einem statistischen Zusammenhang zwischen gemessenen Körperparametern und Daten aus wissenschaftlichen Untersuchungen, die durch direkte oder indirekte Methoden erhoben wurden. Diese Daten werden als Vergleichsdaten mit einbezogen, um so beispielsweise die Gesamtmenge an Körperfett zu bestimmen. Da eine doppelt indirekte Messung immer ungenauer ist als eine direkte oder indirekte Methode, sollte die Messung daher immer von ein und demselben Untersucher als Mehrfachbestimmung (in der Regel 3 Messungen) durchgeführt werden. So lassen sich Ungenauigkeiten weitestgehend verhindern oder zumindest verringern.

Was ist die Bioelektrische Impedanzanalyse?

Die Bioelektrische Impedanzanalyse (BIA) ist heute eine relativ sichere, einfach durchführbare, preiswerte, nichtinvasive und gefahrlose Meßmethode zur Erfassung des Ernährungszustandes eines Menschen. Grundlage der BIA ist die Tatsache, dass die verschiedenen Gewebe– und Zellarten des menschlichen Körpers elektrischen Strom unterschiedlich gut leiten. Der italienische Physiker Luigi Aloisius Galvani (1737 – 1798) erforschte 1786 als erster den Einfluss von elektrischem Strom auf Gewebsstrukturen. Jedoch erst 176 Jahre später begann die eigentliche Geschichte der BIA mit der genauen Untersuchung des Zusammenhangs zwischen Wechselstromwiderstand und Flüssigkeiten im menschlichen Organismus. Dies erfolgte 1962 und 1963 durch Thomasset sowie 1969 durch Hoffer, Meador und Simpson. Die BIA konnte sich zu diesem Zeitpunkt allerdings noch nicht durchsetzen, da die Messungen noch mit einer 2-Elektroden-Meßtechnik an Testpersonen durchgeführt wurden. Ihnen wurden Stahlnadeln als Elektroden unter die Haut in Hand- und Fußrücken platziert, was das Wohlbefinden der Testteilnehmer erheblich beeinträchtigte und die Messungen negativ beeinflusste. Heutzutage wird eine angenehmere 4-Elektroden-Meßtechnik verwendet, bei der dünne Elektroden an Hand- und Fußrücken der Patienten geklebt werden, und diese somit nicht beeinträchtigen.

Der BIA liegt das Drei-Kompartiment-Modell (siehe auch vorheriges Kapitel) zugrunde.

Gemessen werden daher:
- Körperfett (BF = Bodyfat)
- und fettfreie Masse (LBM), die weiter unterteilt wird in extrazelluläre Körpermasse (ECM) und Körperzellmasse (BCM)
- zusätzlich wird auch noch das Gesamtkörperwasser (TBW = Total Body Water) bestimmt

Bei der BIA wird ein schwacher risikoloser Wechselstrom (meist 50 kHz und 800 µA) segmental , das bedeutet durch Arme, Beine und Rumpf, oder durch den gesamten Organismus mittels im Körperwasser gelöster Elektrolyte geleitet. Dadurch wird der Gesamtwiderstand, die sogenannte Impedanz, und die Phasenverschiebung gemessen. Skelett und Körperfett leiten den Wechselstrom nur wenig und weisen einen großen Widerstand, das heißt eine hohe Impedanz, auf. Das elektrolythaltige Körperwasser in der fettfreien Masse leitet dagegen den Wechselstrom gut. Dadurch weist die fettfreie Masse einen niedrigen Widerstand und eine niedrige Impedanz auf. Zellmembranen verhalten sich wie elektrische Kondensatoren, da sie dem Wechselstrom einen Widerstand entgegensetzen. Während der BIA wird der Strom hauptsächlich durch die Flüssigkeit der fettfreien Körpermasse geleitet. Durch die Verwendung von Regressionsgleichungen lässt sich unter anderem die fettfreie Körpermasse, das Gesamtkörperwasser und die Fettmasse berechnen.

Der Organismus besitzt Körperwasser mit enthaltenen Elektrolyten, wobei der Wechselstrom sowohl den extrazellulären als auch den intrazellulären Raum durchdringt [1]. Der Widerstand im extrazellulären Raum entspricht einem rein Ohm´schen Widerstand, da der Strom den Extrazellulärraum ungehindert passieren kann. Er wird als Resistanz (R) bezeichnet. Unter einem Ohm´schen Widerstand versteht man den elektrischen Widerstand im Gleichstromkreis, der genauso groß ist wie im Wechselstromkreis [16, 17]. Mit steigender Querschnittsfläche eines Körperteils sinkt die Resistanz. Folglich setzt sich der Gesamtkörperwiderstand mehr aus dem Wassergehalt der Extremitäten als aus dem des Rumpfes zusammen [7]. Die Resistanz ist umgekehrt proportional zum Gesamtkörperwasser [6]. Der Normalbereich der Resistanz beträgt bei Frauen 480 bis 580 Ohm und bei Männern 380 bis 480 Ohm [14]. Der Widerstand im intrazellulären Raum ist ebenfalls ein rein Ohm´scher Widerstand. Hinzu kommt ein auf die Zellmembran wirkender kapazitiver Widerstand, die Reaktanz (Xc) [1]. Unter einem kapazitiven Widerstand (Blindwiderstand) versteht man den Widerstand, den ein Kondensator dem Stromfluss aufgrund seiner begrenzten Kapazität entgegensetzt [16, 17]. Ursache des kapazitiven Widerstands sind die aus Lipiddoppelschichten aufgebauten Zellmembranen, die sich wie Minikondensatoren verhalten. Die Reaktanz ist abhängig von der interzellulären Matrix, der Zellmembrananzahl sowie den festen Geweben (zum Beispiel Knochen) und ist proportional zur Körperzellmasse.

Der Normalbereich der Reaktanz macht zirka zehn Prozent des Resistenzwertes aus. Folglich setzt sich die Impedanz hauptsächlich aus der Resistanz zusammen [7]. Der Phasenwinkel (α) bezeichnet die Phasenverschiebung zwischen Wechselstrom und Spannung. Im Wechselstromkreis werden Kondensatoren beim Anwachsen der Spannung geladen und während des Abklingens der Spannung wieder entladen. Die Membranen der Körperzellen reagieren wie kleine Kondensatoren. Der Aufbau eines elektromagnetischen Feldes braucht Zeit, denn die Zelle richtet dem Anwachsen und Abklingen des Stroms einen kapazitiven Widerstand entgegen. Dieser führt zu einer Phasenverschiebung zwischen Strom und Spannung, wobei der Strom der Spannung vorauseilt [8, 16, 17]. Je größer der Phasenwinkel ist, desto größer ist der Anteil der Reaktanz an der Impedanz. Dieser Parameter ist abhängig vom Hydratationszustand, wobei hohe Phasenwinkel durch Dehydratationen ausgelöst werden (zum Beispiel bei Anorexia nervosa oder Dehydratationszuständen in der Geriatrie).

Wie funktioniert die BIA?

Durchführung der BIA:

Über vier (bei neueren Geräten acht) Hautklebeelektroden wird bei der klassischen BIA ein elektrisches Feld im Körper erzeugt: Durch zwei Stromelektroden wird der Wechselstrom in den Körper geleitet und über zwei Detektorelektroden gemessen, die jeweils auf der selben Körperseite befestigt werden. Somit befinden sich also auf jeder Körperseite zwei Elektroden. Die Haut muss an den entsprechenden Stellen mit alkoholischem Desinfektionsmittel gereinigt und entfettet werden [1], um eine optimale Haftung der Elektroden auf der Haut und eine bestmögliche Leitung des Wechselstroms zu gewährleisten. An folgenden Stellen werden die Elektroden platziert [1]: An der Dorsalseite der rechten Hand wird die erste Stromelektrode über dem distalen Ende des Os metacarpale III und die erste Detektorelektrode über dem proximalen Handgelenk zwischen den distalen Enden des Processus styloides radii und dem Caput ulnae angebracht. An der Dorsalseite des rechten Fußes wird die zweite Stromelektrode über dem distalen Ende des Os metatarsale III und die zweite Detektorelektrode zwischen medialem und lateralem Malleolus platziert.

Aussagekräftige Messungen der bioelektrischen Impedanz können nur bei völliger körperlicher Ruhe in einer flachen, horizontalen Rückenlage auf einer elektrisch isolierten Unterlage erfolgen [21]. Eine einstündige Liegezeit vor der Durchführung der Messung wäre ideal, da die Impedanz andernfalls stark variiert [9]. Während des Stehens versackt Körperwasser in den Beinen. In der einstündigen Liegezeit verteilt sich jedoch das Köperwasser gleichmäßig im Gesamtorganismus. Da aus praktischen Gründen eine Liegezeit von einer Stunde kaum durchführbar ist, sollte unbedingt darauf geachtet werden, dass die Messung nicht unmittelbar nach dem Hinlegen des Patienten durchgeführt wird, sondern erst nach einer Wartezeit von mindestens einigen Minuten [9]. Bei Wiederholungsmessungen sollten die Messbedingungen annähernd gleich sein. Die Messungen dauern 20 bis 30 Sekunden und die Messergebnisse Reaktanz, Resistanz und Phasenwinkel werden auf einer digitalen Anzeige abgelesen.

Bei BIA Messgeräten in Form von Waagen sind Schuhe und Strümpfe vor der Messung auszuziehen. Der Proband stellt sich barfuß mit Ferse und Vorfuß auf jeweils eine Elektrode, die auf der Wiegeplattform der Waage angebracht ist. Es werden dabei nur die unteren Extremitäten in die Messung einbezogen. Daraus werden Rückschlüsse auf die Gesamtkörperzusammensetzung gezogen. Messungen dieser Art und auch Messungen, bei denen der Strom nur durch die Arme fließt, sind im Vergleich zu Ganzkörpermessungen weniger gut evaluiert [13].

Impedanzmessungen können bei verschiedenen Stromfrequenzen durchgeführt werden. Häufig wird mit einer Einzelfrequenz von 50 kHz der Gesamtwiderstand gemessen. Die Körperzellmasse wird rein statistisch anhand von Formeln aus der Größe der Magermasse berechnet. Die Formeln wurden durch lineare multiple Regression unter Einbeziehung des Körpergewichtes entwickelt und durch Goldstandard-Methoden korelliert [13]. Die Multifrequenz-BIA hingegen arbeitet mit einem Wechselstrom (800µA) unterschiedlicher Frequenzen [3, 13]. Durch die Messung der Widerstände bei verschiedenen Frequenzen ist der extra- und intrazelluläre Wassergehalt bestimmbar. Ein Wechselstrom mit niedriger Frequenz (ein oder fünf kHz) durchdringt die Körperzellmasse aufgrund der Kondensatoreigenschaften der Zellmembranen nur gering. Diese Messung ist daher eine direkte Messung des Extrazellulärraumes. Erhöht man die Frequenz auf 50 kHz oder 100 kHz, durchdringt der Wechselstrom die Zellmembranen vollständig. Damit werden anhand des Phasenwinkels Körperzell- und Extrazellulärmasse sowie Körperwasser bestimmt [13].

Was analysiert die BIA?

Impedanz und Phasenverschiebung

Direkt gemessen werden bei der BIA die Impedanz (Z) und der Phasenwinkel (α). Die Impedanz setzt sich zusammen aus dem Ohm´schen Widerstand, also der Resistanz (R) und dem kapazitiven Wechselstromwiderstand, der Reaktanz (Xc). Es gilt die Formel $Z^2 = R^2 + Xc^2$ beziehungsweise $Z = \sqrt{R^2 + Xc^2}$ [13].

Die Unterscheidung und Bestimmung der Resistanz und Reaktanz erfolgt durch die Messung des Phasenwinkels (α). Der Phasenwinkel ergibt sich aus der Phasenverschiebung des Wechselstroms und der Spannung.

Berechnungsgrößen der BIA

Die Berechnungsgrößen der BIA [15]:

Mit Hilfe von Impedanz und Phasenwinkel werden durch statistische Korrelationen über populationsspezifische, valide mathematische Formeln, oder mit gleicher Grundlage durch Computerunterstützung, unter Berücksichtigung von Körpergröße und Körpergewicht die einzelnen Kompartimente der Körperzusammensetzung berechnet:

1. Total Body Water TBW (Ganzkörperwasser):

Das Ganzkörperwasser erfasst das komplette Gewebewasser im Organismus. Es ist eng mit der fettfreien Masse (FFM) beziehungsweise Magermasse (LBM) korreliert, denn die FFM/LBM besteht überwiegend aus Wasser (ca. 73% bei Gesunden) [9]. Da der Unterschied zwischen FFM und LBM vernachlässigbar gering ist [3], werden sie oft synonym verwendet.

Der Normalwert des TBW für Frauen beträgt 55 bis 65 Prozent, für Männer 50 bis 60 Prozent. Bei sehr muskulösen Personen kann er bis auf 70 bis 80 Prozent ansteigen und bei Adipösen auf 45 bis 50 Prozent absinken [14]. Adipozyten beinhalten demnach weniger TBW als Muskelzellen. Die extrazelluläre Flüssigkeit macht zirka 43 Prozent, die intrazelluläre Flüssigkeit zirka 57 Prozent des TBW aus.

Zur Berechnung des TBW existieren zahlreiche Formeln. Sie werden zumeist aus dem Quotienten Körpergröße(Ht)²/Resistanz(R) und weiteren Parametern wie beispielsweise Alter, Geschlecht und Gewicht berechnet [9]. Als Beispiel sei hier die Formel von R. Kushner et al. genannt:

$$TBW = 4,96 \pm 0,42(Ht^2/R) + 0,13(Wt) + 3,34(sex)*$$

Ht = Größe in cm
R = Resistanz in Ω
Wt = Gewicht in kg
Sex* ist codiert: männlich = 1, weiblich = 0

Aus dem Gesamtkörperwasser wird oft auch die Magermasse berechnet. Des weiteren existieren auch Formeln, die unabhängig voneinander Gesamtkörperwasser und Magermasse berechnen.

2. Lean Body Mass LBM (Magermasse):

Die Magermasse setzt sich aus der intrazellulären und der extrazellulären Masse zusammen. Sie besitzt zwei bis drei Prozent Lipide, wie zum Beispiel Lipide des Gehirns, der Nerven oder anderer Organe, und hat eine Dichte von 1,1 g/cm³ [4]. Da die LBM überwiegend aus Wasser besteht, wird von einem konstanten Hydratationskoeffizienten von 73,2 Prozent beim gesunden Menschen ausgegangen [3]. Bei der BIA muss darauf geachtet werden, dass der Hydratationskoeffizient an die aktuelle Hydratationssituation des Organismus angepasst wird. Die Hydratation des Patienten bewegt sich in einem Bereich von 65 (bei Anorexie) bis 90 Prozent (bei Ödemen). Somit kann also nicht von einem konstanten Hydratationskoeffizienten von 73,2 Prozent ausgegangen werden, wie in der Literatur oft angegeben wird. Ohne Angabe des aktuellen Koeffizienten kann die LBM nicht exakt berechnet werden. Der Fehler wirkt sich auf die Berechnung der anderen Körperkompartimente aus und erbringt falsche Ergebnisse.

Die LBM wird anhand folgender Formel ermittelt:

$$LBM = \frac{TBW}{Aktueller\ Hydratationsstatus}$$

3. Body Fat BF (Körperfett):
Die Fettzellen besitzen nicht die typischen Doppelzellmembranen der Magermasse und weisen daher keinen kapazitiven Widerstand (Reaktanz) auf. Das Körperfett besitzt eine Dichte von 0,9 g/cm³ [4].

Berechnet wird das Körperfett folgendermaßen:
BF = Körpergewicht – LBM

Unter Einbeziehung weiterer Faktoren wie Alter, Körpergröße etc. kann die LBM noch exakter bestimmt werden. Eine dänische Studie der Arbeitsgruppe Heitmann et al. formulierte zum Beispiel folgende Regressionsgleichung für die Bestimmung von Körperfett (kg) [4]:
Bei Frauen: 0,819 x Kg - 0,279 x H/R - 0,231 x H + 0,077 x A
Bei Männern: 0,775 x Kg – 0,279 x H/R – 0,231 x H + 0,077 x A

Kg: Körpergewicht (kg)
H: Körperhöhe (cm)
R: Widerstand (Ω)
A: Alter (Jahre)

Die Normalwerte für Körperfett zeigt die folgende Tabelle:

4. Body Cell Mass BCM (Körperzellmasse):

Die Körperzellmasse vereint die Summe der sauerstoffverbrauchenden, kaliumreichen und glukoseoxidierenden Zellen. Dazu zählen die Zellen der Skelettmuskulatur, des Herzmuskels, der glatten Muskulatur, der inneren Organe, des Gastrointestinaltraktes, des Blutes, der Drüsen und des Nervensystems. Tote Zellen wie beispielsweise Hornzellen werden nicht in die BCM eingeschlossen. Die BCM ist der Magermasse zuzuordnen. Erwachsene mit normalem Ernährungsstatus haben einen Anteil von mehr als 50 Prozent, Leistungssportler bis zu 60 Prozent BCM der Magermasse. Ab einem Alter von 75 Jahren sinkt die BCM auf 40 bis 45 Prozent ab. Normalwerte (18 bis 75 Jahre) betragen für Frauen 51 bis 58 Prozent und für Männer 53 bis 60 Prozent BCM der Magermasse. Als Kernpunkt der Ernährungstherapie wird prinzipiell die Erhaltung oder der Zugewinn der BCM angesehen, da sämtliche Stoffwechselvorgänge in der BCM ablaufen. Somit bestimmt die BCM den Kalorienverbrauch. Bei einer Mangelernährung baut der Körper seine eigenen Zellen als Energielieferant ab, vermindert die Möglichkeit, Energie zu verbrennen und der Ruhe/Nüchtern-Umsatz sinkt. Bei hypokalorischer Kost, mit der Zielsetzung Körperfettreduktion, sollte der BCM-Verlust nicht 20 Prozent der BCM überschreiten, da der Organismus den BCM-Verlust grundsätzlich viel langsamer ausgleichen kann, als den Verlust von Körperfett. Ein BCM-Verlust ist durch die Verringerung des Phasenwinkels und die Abnahme der Reaktanz, der Zelldichte in Prozent und des Kapa-Indexes gekennzeichnet.

BCM = LBM x Phasenwinkel x Konstante

5. Extra Cellular Mass ECM (Extrazelluläre Masse):
Die extrazelluläre Masse bezeichnet den Teil der Magermasse, der außerhalb der Zellen liegt. Dazu zählt als flüssige Komponente: Plasma, interstitielles und transzelluläres Wasser und als feste Komponente: Collagen, Elastin, Haut, Sehnen, Faszien und Skelett.

ECM = LBM − BCM

Sonstige Berechnungsgrößen der BIA [14]

6. ECM/BCM-Ratio:

Bei Gesunden ist die BCM grundsätzlich größer als die ECM und der Normalwert des Quotienten ist somit kleiner als eins. Bei einer Verschlechterung des Ernährungszustands steigt der Wert durch eine BCM-Abnahme, wobei Magermasse und Gewicht im Frühstadium noch konstant bleiben. Der ECM/BCM-Ratio kann nur mit phasenintensiven Messgeräten bestimmt werden.

Ist der ECM/BCM Ratio größer eins kann das auf Wassereinlagerungen in die extrazellulären Bereiche und/oder auf eine geringe BCM hinweisen. Ursachen können sein: akute und chronische Niereninsuffizienz, Herzinsuffizienz, Malnutrition, Hormonschwankungen, Lymphödeme und Liegeödeme unter anderem in der Geriatrie und/oder Intensivpflege. Ein ECM/BCM Verhältnis zwischen 0,8 und 1,0 gilt als normal. Diese Werte können aber auch bei extremer Dehydratation (TBW, ECW sehr niedrig) und gleichzeitig vorliegender extremer Mangelernährung (BCM sehr niedrig) und bei vorliegender Überwässerung bei extrem hoher BCM (zum Beispiel bei Kraftsportlern mit Wassereinlagerungen) auftreten. Ist die BCM größer als die ECM, der Index also kleiner als eins, kann dies auf eine große BCM (hoher Muskelanteil) bei normaler Hydratation zurückzuführen sein. Meistens ist aber eine Dehydratation der Grund für eine niedrige ECM, was als kritisch zu bewerten ist. Die Beurteilung des ECM/BCM-Ratio muss immer mit der Gesamtsituation des Körpers beurteilt werden.

7. Zellanteil:

Der Zellanteil bezeichnet den Anteil der Körperzellmasse an der Magermasse in Prozent:

$$\text{Zellanteil} = \frac{BCM}{LBM}$$

8. Meta-Index:

Der Meta-Index misst die Resistanz in Bezug auf den Body Mass Index:

$$\text{Meta-Index} = \frac{R}{BMI}$$

Damit lässt sich die Leitfähigkeit und der Wasser- und Elektrolytgehalt der Magermasse bestimmen. Der Normalwert liegt im Bereich von 18 bis 30.

9. Kapa-Index:

Der Kapa-Index bezeichnet den Anteil der Reaktanz am Body Mass Index:

$$\text{Kapa-Index} = \frac{X_C}{BMI}$$

Der Kapa-Index ist die Bestimmung der Zellmembrananzahl am Body Mass Index. Der Index ist hilfreich bei der Unterscheidung einer BCM-Reduktion in intrazellulären Wasserverlust oder echten Zellsubstanzverlust. Der Normalwert beträgt: 2,2 bis 3,6.

Die aufgestellten Formeln zur Berechnung der verschiedenen Parameter der BIA gelten für Gesunde, Personen mit leichtem bis mittlerem Übergewicht. Bei stark adipösen Personen ergeben sich gravierende Abweichungen, aufgrund der veränderten Körperzusammensetzung. Abweichungen ergeben sich auch bei Athleten, die im Vergleich zu anderen Personen eine erhöhte stoffwechselaktive Zellmasse besitzen [4]. Die Variabilität der Ergebnisse ist je nach Population, Individuum und Berechnungsformel unterschiedlich. Werden Körpergewicht, Alter und Geschlecht noch mit einbezogen, ergibt sich eine höhere Genauigkeit der BIA Messungen.

Die unterschiedlichen BIA-Messgeräte nutzen unterschiedliche Formeln als Berechnungsgrundlage der Körperkompartimente. Folgende Autoren sind in diesem

Zusammenhang häufig genannt: Kushner und Schoeller (1986), Lukaski (1989), Heitmann (1990a) und Deurenberg et al. (1991).

Wie genau sind BIA-Messungen und was ist wissenschaftlich abgesichert?

Anforderungen an die BIA Geräte:

Die BIA Geräte sollen exakte Messungen ermöglichen sowie genaue elektronische Daten und Kalibrierungsangaben aufweisen. Der Widerstand wird durch die Länge des Stromleiters (= Körper) beeinflusst, und wird durch die Körperlänge als Kenngröße in die Berechnungen miteinbezogen [6].

Geräte von unterschiedlichen Herstellern liefern signifikant unterschiedliche Ergebnisse. Einige neue Geräte machen die Bedienungsperson auf Fehlmessungen aufmerksam. Ebenfalls berücksichtigen sie teilweise populationsbedingte Unterschiede durch die Verwendung von speziellen Berechnungen, wobei körperliche Aktivität durch den vergrößerten Kohlenhydratspeicher (Glykogen) von trainierten Personen beachtet wird, da Sportler vermehrt Körperwasser binden.

Eine Einzelmessung liefert nur eine Momentaufnahme der Körperkompartimente. So ist zum Beispiel der Hydratationszustand des Körpers unter anderem von aktuellen Ernährungs- und Umweltbedingungen abhängig. Deshalb sind mehrere Wiederholungsmessungen, die immer zur gleichen Tageszeit erfolgen sollten, nötig, um die Ergebnisse richtig zu interpretieren. Dies gilt besonders für die BIA-Geräte, die den aktuellen Hydratationszustand des Organismus nicht gezielt in ihren Berechnungen der Körperkompartimente berücksichtigen.

Empfehlungen für die Durchführung einer idealen BIA:
1. Liegezeit von einer Stunde ist ideal
2. Patient sollte mindestens vier Stunden nüchtern sein
3. Letzte körperliche Aktivität sollte möglichst zwölf Stunden zurückliegen
4. Blase entleeren
5. Letzter Alkoholkonsum sollte möglichst 24 Stunden zurückliegen
6. Umgebungstemperatur des Patienten von 22 bis 26 Grad Celsius
7. Abspreizen der Extremitäten (siehe Abbildung)
8. Lage der Extremitäten in Körperhöhe auf einer nichtleitenden Unterlage
9. Qualität der Elektroden überprüfen
10. Reinigung der Hautstellen
11. Beachtung der Mindestabstände der Elektroden
12. Korrekte Platzierung der Elektroden auf der Haut
13. Kein Kontakt des Patienten mit metallischen Gegenständen

Mögliche Fehlerquellen einer BIA-Messung und deren Behebung

Fehlerquellen der BIA:

Die BIA wird heute in vielen verschiedenen Bereichen (zum Beispiel bei Übergewicht und Adipositas) eingesetzt. Bisher fehlen allerdings noch einheitliche Empfehlungen für die Interpretation der Messwerte und resultierenden Angaben wie beispielsweise des

Gesamtkörperwassers. Eine verlässliche BIA setzt eine Standardisierung und Kontrolle der folgenden Variablen voraus [2]:

1. Elektroden

Die Elektroden müssen exakt auf den gereinigten Hautstellen platziert werden. Eine Fehlplatzierung um einen Zentimeter führt zu einer Abweichung der BIA Messungen von mehr als zwei Prozent. Ein Mindestabstand zwischen Detektor- und Messelektrode ist einzuhalten. Bei Erwachsenen beträgt er fünf Zentimeter und bei Kindern und Neugeborenen drei Zentimeter [9].

Weiterhin ist auf geeignete Elektroden sowie auf eine hochwertige Elektrodenqualität mit CE-Zulassung zu achten. Große Unterschiede sind zwischen den verschiedenen Herstellern festzustellen. Die Elektroden dürfen nicht direkt über knöchernen Arealen befestigt werden, da der hohe Widerstand des Knochens den Aufbau des Wechselstroms verhindert [15].

2. Hydratationszustand

Veränderungen des Hydrataktionszustandes eines Patienten können unter anderem durch Diuretikaeinnahme und Dextroseinfusionen [18], sowie Alkoholkonsum, Ödeme und gefüllte Harnblase verursacht werden.

3. Veränderungen der Plasmaelektrolyte

Diese Veränderungen können zum Beispiel durch Alkoholkonsum in den letzten 24 Stunden zustande kommen.

4. Körperhaltung und -lage

Die BIA erfolgt nach 60minütig- bestehender, liegender Position, mit abgespreizten Extremitäten auf einer nicht leitenden Unterlage. Die 60minütige Liegezeit begründet sich aus der Tatsache, dass sich das Körperwasser in dieser Zeit im Körper verteilt und sich nicht wie in stehender Position, durch die Gravitationskraft verstärkt, in den Beinen befindet.

5. Letzte Nahrungsaufnahme

Der Zeitabstand zur letzten Nahrungsaufnahme sollte bei der BIA mindestens vier Stunden betragen. Wäre der Magen zur Zeit der BIA-Messung gefüllt, würde die Fettmasse zu hoch berechnet, da der Mageninhalt zwar nicht mitgemessen aber mitgewogen wird (FM = Körpergewicht – FFM).

6. Umgebungstemperatur

Die BIA sollte bei einer Umgebungstemperatur des Patienten von 22 bis 26 Grad Celsius erfolgen.

7. Körperliche Aktivität

Der Zeitabstand von körperlicher Aktivität zur BIA Messung sollte mindestens zwölf Stunden betragen.

8. Körpergröße und –gewicht

Die Messgenauigkeit der Körpergröße sollte +/- 0,5 cm und die des Körpergewichts +/- 0,1 kg sein.

Problematik des Hydratationsstatus [19]

Die meisten einfachen BIA-Messgeräte, zum Beispiel Körperfettwaagen, gehen von einer konstanten Hydratation des Organismus von 73,2 Prozent aus.

Bei einer verminderten Hydratation (zum Beispiel nach dem Sport, bei Laxantiengebrauch oder geringer Trinkmenge) des Organismus geben die Messergebnisse eine zu hohe Fettmasse wieder. Bei Personen mit krankheitsbedingter Überwässerung (zum Beispiel Nieren- und Herzinsuffizienz, Ödembildung/Ascites bei Tumoren oder dekompensierter Leberzirrhose) kommt es bei der Messung dagegen zu einer Überschätzung der Körpermagermasse und zu einer Unterschätzung des Körperfetts.

Es gibt BIA-Geräte, die in ihren Berechnungen der Körpermagermasse den aktuellen Hydratationszustand des Organismus berücksichtigen. Dadurch wird die Bestimmung der Fettmasse und der Körpermagermasse auch bei Personen mit einem abweichenden Hydratationsstatus möglich.

Die korrekte Bestimmung der Körperzellmasse ist entscheidend, denn diese wird durch die Differenzbildung zur Körpermagermasse errechnet. Zur Berechnung der Körperzellmasse wird häufig die Formel BCM = LBM x f x Phasenwinkel verwendet, bei der die Körperzellmasse aus der Körpermagermasse berechnet wird. Da die Berechnung der Körpermagermasse von der Hydratation des Organismus abhängt, basiert auch die Berechnung der Körperzellmasse wesentlich auf der Erfassung der korrekten Körperhydratation. Weiterhin ist auch die ECM davon abhängig, da sie sich aus der Differenz von LBM und BCM errechnet (ECM = LBM – BCM). Wird der aktuelle Hydratationsstatus des Organismus nicht beachtet, fallen die Berechnungswerte für Fettmasse, Körpermagermasse und Körperzellmasse und der daraus errechneten Parameter stark abweichend aus.

Anwendungsbereiche der BIA:

1. Übergewicht und Adipositas:

Die exakte Unterscheidung von Adipösen (Veränderung der Körperzusammensetzung durch eine Vermehrung der Körperfettmasse) und Übergewichtigen (weniger ausgeprägte Erhöhung des Körpergewichts durch die Vermehrung von Muskel- und Fettmasse) ist nicht durch die Betrachtung des BMI möglich, sondern erfordert die BIA. Ergänzend können bei einer Therapieüberwachung die Änderungen der Muskelmasse, des Wasserhaushaltes und des Körperfettgewebes im Verlauf einer Gewichtsreduktion festgestellt werden. Die Messungen verstärken in diesem Zusammenhang die Motivation und Compliance der Patienten.

2. Essstörungen

Bei einer bestehenden Mangelernährung des Körpers wird die Reduktion der Körperzellmasse vom Organismus zunächst durch die Vergrößerung des Extrazellularraumes kompensiert, um das Gesamtkörperwasser konstant zu halten. Gewichtsveränderungen treten dadurch verzögert auf. Eine drohende Verschlechterung des Ernährungszustands, zum Beispiel bei Anorexia nervosa, kann mit der BIA-Messung daher meist schon vor einer signifikanten Gewichtsveränderung erfasst werden.

3. Gastroenterologie:

Erkrankungen wie Morbus Crohn, Colitis ulcerosa und Zöliakie/Sprue gehen passager mit Malabsorptionsstörungen und daraus folgender Malnutrition einher. In diesem Zusammenhang ist die Feststellung der Änderung der Körperzusammensetzung (zum Beispiel bei Wassereinlagerungen durch Glucokortikoidtherapie) wichtig, um eine spezielle Ernährungstherapie einleiten zu können.

4. HIV und HIV-Stadium AIDS:

Der Ernährungszustand des mit HIV-Infizierten ist für die Lebensqualität von entscheidender Bedeutung. HIV-Infizierte sind häufig von einer Proteinmangelernährung (wasting syndrome) betroffen, das an einem Verlust viszeraler Proteine und der Körperzellmasse erkennbar ist [15]. Die Patienten haben ein niedriges Körpergewicht, wenig Körperfett, eine reduzierte BCM und eine erhöhte ECM. Die Wasserverteilung in der Magermasse ist oft verschoben: das intrazelluläre Wasser ist erniedrigt und das extrazelluläre Wasser erhöht. Ein kritischer Abfall der Körperzellmasse führt bei diesen Patienten zu einem „point of no return", der das finale Stadium der Erkrankung einleitet. Mittels BIA kann rechtzeitig reagiert werden, um den Verlust der BCM aufzuhalten [10]. Der direkt gemessene Phasenwinkel geht mit einer erhöhten Morbidität und Mortalität der Patienten bei einem Wert unter $5°$ einher.

5. Nephrologie:

Bei Niereninsuffizienz ist eine Therapieüberwachung mittels ECM/BCM-Quotienten möglich. Bei Patienten, die chronisch mit Nierenersatztherapieverfahren behandelt werden, können katabole Zustände rasch eintreten. Durch die BIA können Schwankungen der Hydratation und des Ernährungszustands rechtzeitig festgestellt werden [15]. Eine Proteinmangelernährung geht mit einem Verlust der fettfreien Masse einher und ist bei Dialysepatienten sowie bei fast allen chronischen Erkrankungen ein Risikofaktor für eine erhöhte Mortalität [11].

6. Intensivmedizin:

Die BIA unterstützt die Überwachung von Intensivpatienten, wobei sie jedoch bei Schwerkranken nicht validiert ist. Die Interpretation der Messergebnisse wird erschwert durch die gleichzeitige Veränderung von TBW und dem Verhältnis von intra- zu extrazellulärer Flüssigkeit. Die Beziehungen zwischen TBW, Wassergehalt der FFM und der Impedanz sind in dieser Situation unbekannt. Dennoch wird der BIA hier eine wichtige Aufgabe im Bereich der Risikoeinschätzung zuteil [7].

7. Onkologie:

Die Kachexie ist die bedeutenste Todesursache von Krebspatienten. Die Prävention der Tumorkachexie ist besonders wichtig, da eine bereits bestehende Fehlernährung die Prognose verschlechtert. Kachexie und Malnutrition haben somit einen signifikanten Einfluss auf die Lebensqualität und die Überlebensdauer der Krebspatienten.

8. Pädiatrie:

Die BIA bei Kindern bedingt höhere Anforderungen an die Messtechnik und Dateninterpretation, da gerade bei Kindern die Bestimmung der Magermasse aufgrund der engen Beziehung zu kalorischem Bedarf, körperlicher Aktivität und Pharmakokinetik besonders wichtig ist [12].

Vor- und Nachteile der BIA:

Vorteile der BIA ergeben sich aus der einfachen, raschen und kostengünstigen Handhabung, der nichtinvasiven Methodik und aus der geringen Beanspruchung des Patienten während der Messung [15].

Die vergleichsweise handlichen Messgeräte können relativ kostengünstig bei ambulanten Therapien eingesetzt werden. Von Vorteil ist auch, dass aus einer Messung auf mehrere Kompartimente geschlossen werden kann. Die BIA ist eine Methode zur Beurteilung der Körperzusammensetzung, die eingesetzt werden kann bei Gesunden sowie leicht- bis mittelschweren Adipösen. Einsatz findet die BIA auch bei Verlaufskontrollen der schon erläuterten Erkrankungen.

Abgesehen von Herzrhythmusstörungen, am Körper befestigten Defibrillatoren und anderen implantierten, automatischen Kontroll-Vorrichtungen (zum Beispiel Systeme, die Substanzen verabreichen) gibt es keine Kontraindikation der BIA [19].

Der wesentliche Nachteil der BIA liegt in der Ungenauigkeit der Messergebnisse durch fehlende Standardisierungen für Geräte, Mess- und Untersuchungsmethodik. Einen wesentlichen Einfluss haben auch die schon erwähnten Fehlerquellen. Bei optimalen Messbedingungen ist die Bioelektrische Impedanzanalyse valide.

Die BIA ist ungeeignet bei kurzfristigen Änderungen der Körperzusammensetzung durch Diäten oder körperlichen Aktivitäten von Einzelpersonen, aber aussagekräftig für Verlaufskontrollen über einen längeren Zeitraum [9].

Literaturverzeichnis:

[1]   Schauder, P., Ollenschläger, G.: Ernährungsmedizin. Prävention und Therapie. 2. Auflage, Urban & Fischer, München, Jena, 2003

[2]   Kasper, H.: Ernährungsmedizin und Diätetik. 10., neubearbeitete Auflage, Urban & Fischer, München, 2004

[3]   Biesalski, H.-K. et al.: Ernährungsmedizin. 3., erweiterte Auflage, Thieme, Stuttgart, 2004

[4]   Elmadfa, I.; Leitzmann, C.: Ernährung des Menschen. 3. Auflage, Ulmer, Stuttgart, 1998

[5]   Stroh, S.: Methoden zur Erfassung der Körperzusammensetzung, Ernährungs-Umschau 42 (1995) Heft 3, 88 – 94

[6]   Fischer, H.; Lembcke, B.: Die Anwendung der bioelektrischen Impedanzanalyse (BIA) zur Beurteilung der Körperzusammensetzung und des Ernährungszustandes. In: Innere Medizin Aktuell 18 (1/91)

[7]   Müller, M. J.: Bioelektrische Impedanzanalyse - Auf dem Weg zu einer standardisierten Methode zur Charakterisierung der Körperzusammensetzung. In: Aktuelle Ernährungsmedizin 2000: 25: 167-169

[8]   Lindner, H.; Koksch, G.; Simon, G.: Physik für Ingenieure. 12. Auflage, Braunschweig/ Wiesbaden

[9]   Pirlich, M.; Krüger, A.; Lochs, H.: BIA-Verlaufsuntersuchungen: Grenzen und Fehlermöglichkeiten. In: Aktuelle Ernährungsmed 2000; 25: 64-69

[10]   Fischer, H.: Bioelektrische Impedanzanalyse (BIA) Grundlagen, Einsatz und Wertigkeit beim AIDS-Wasting Syndrom. In: Jäger, H: Wasting und AIDS

[11]   Pirlich, M.; Luhmann, N.; Schütz, T.; Plauth, M.; Lochs, H.: Mangelernährung bei Klinikpatienten: Diagnostik und klinische Bedeutung. In: Aktuelle Ernährungsmedizin 1999, 24: 260-266

[12]   Kabir, I.; Malek, M.; Rahman, M.; Khaled, A.; Mahalanabis, D.: Changes in body composition of malnourished children after dietary supplementation as measured by bioelectrical impedance. In: American Journal of Clinical Nutrition. 1994, 59:5-9

[13]   Weimann, A. et al.: Objektive Meßdaten in der Ernährungsmedizin – Wie relevant ist die bioelektrische Impedanzmessung? Loccumer Gespräche 1999, Intensivmed 36: 737 – 741 (1999)

[14]   Jung, U.: Die bioelektrische Impedanzanalyse (BIA) und ihre Umsetzung in die Praxis. Ernährung & Medizin 2002; 17: 203 – 204

[15]   Dörhöfer, R., Pirlich, M.: Das BIA-Kompendium 1. Ausgabe 07/2002

[16]   Hänsel, H.; Neumann, W.: Physik, Elektrizität – Optik – Raum und Zeit, Spektrum, Heidelberg, Berlin, 1993

[17]   Lindner, A.: Grundkurs Theoretische Physik, Teubner, Stuttgart, 1994

[18]   Biesalski, H. K.; Grimm, P.: Zusammensetzung des Körpers. In: Taschenatlas der Ernährung. 2. Auflage, Stuttgart 2002

[19]   MEDI   CAL   Healthcare   GmbH,   Karlsruhe   http://www.medi-cal.de/wissenschaft/phys_grundlagen.php

[20]   Data Input GmbH, Frankfurt/M.

[21]   Juwell medical, Gauting/München

Autor

Sven-David Müller, M.Sc. (Master of Science in Applied Nutritional Medicine), staatlich anerkannter Diätassistent, Diabetesberater der Deutschen Diabetes Gesellschaft (DDG), Zentrum und Praxis für Ernährungskommunikation, Diätberatung und Gesundheitspublizistik (ZEK), Haddamshäuser Weg 4a, 35096 Weimar an der Lahn, diaetmueller@web.de, www.svendavidmueller.de